PRAIRIES ARTIFICIELLES

DES CAUSES

DE DIMINUTION DE LEUR PRODUIT

ET DE LEUR DURÉE

ÉTUDE SUR LES MOYENS DE PRÉVENIR LEUR DÉGÉNÉRESCENCE

par

J.-Isidore PIERRE

DIRECTEUR DE LA STATION AGRONOMIQUE DE CAEN

Un champ est comme une armoire,
On n'en peut retirer ce qui n'y a pas été mis.

CAEN

IMPRIMERIE DE F. LE BLANC-HARDEL

RUE FROIDE, 2 ET 4

1879

PRAIRIES ARTIFICIELLES

DES CAUSES

DE LA DIMINUTION DE LEUR PRODUIT

ET DE LEUR DURÉE

ÉTUDE SUR LES MOYENS DE PRÉVENIR LEUR DÉGÉNÉRESCENCE

par

J.-ISIDORE PIERRE

DIRECTEUR DE LA STATION AGRONOMIQUE DE CAEN

Un champ est comme une armoire,
On n'en peut retirer ce qui n'y a pas été mis.

CAEN

IMPRIMERIE DE F. LE BLANC-HARDEL

RUE FROIDE, 2 ET 4

1879

INTRODUCTION

La production des fourrages est la base de toute bonne agriculture, et c'est de leur abondance, surtout, que dépend le succès d'une exploitation agricole sagement dirigée.

Quand les fourrages manquent dans une ferme, tout périclite : l'agriculteur est obligé de réduire son bétail ; en réduisant son bétail, il réduit la production de ses engrais, et sans engrais suffisants il n'est pas de belles récoltes possibles.

Quand le fourrage manque, toutes les industries agricoles fondées sur une bonne et suffisante alimentation du bétail languissent : laine, viande, lait, beurre, tout diminue ; fermiers et propriétaires voient bientôt avec inquiétude les sources de leurs revenus s'amoindrir et se tarir.

Des doléances, timidement formulées d'abord,

1

et ensuite de plus en plus nettement exprimées, signalaient à l'attention des agronomes un amoindrissement graduel dans le produit et dans la durée des prairies artificielles temporaires, et réclamaient avec instance des moyens efficaces de porter remède à cet état de choses inquiétant.

La Société d'Agriculture, Sciences, Belles-Lettres et Arts d'Orléans s'est donc placée à l'un des points de vue les plus élevés de la science agronomique, en 1859, en mettant au concours la série de questions suivantes :

1° Quelles sont les causes qui rendent les prairies artificielles, et surtout le trèfle, le sainfoin et la luzerne, moins productives et de moins longue durée aujourd'hui qu'autrefois ?

2° Quelles seront les conséquences de cet état de choses ?

3° Quels sont les moyens de rendre à ces prairies leur ancienne fertilité ?

4° N'y parviendrait-on pas par la substitution d'amendements ou de fourrages nouveaux à ceux actuellement en usage ?

Je n'ose me flatter d'avoir complètement résolu ces questions dans, le travail qu'elle a honoré de son suffrage en 1860, mais j'ai essayé, du moins, de réunir quelques données qui m'ont paru propres à jeter un peu de lumière sur cette branche capitale de notre agriculture actuelle.

Dans l'exposé des faits et des considérations que je me propose de soumettre pour la troisième fois à l'appréciation des agriculteurs, je ne saurais mieux faire que de suivre l'ordre qu'avait elle-même indiqué la Société d'Agriculture d'Orléans.

En conséquence, je diviserai mon travail en trois parties, correspondant à chacune des trois questions proposées.

Dans cet exposé, j'aurai souvent l'occasion de citer des chiffres, beaucoup de chiffres peut-être, et d'assez nombreux résultats d'analyses chimiques; mais j'ai pensé que, dans une question aussi délicate et aussi importante que celle qui préoccupe à si juste titre les agriculteurs de tous les pays, il importait, avant tout, d'asseoir la discussion sur des bases solides et rigoureuses, et de ne pas s'exposer à sacrifier aux agréments de la forme la solidité du fond.

Les idées exposées dans cet ouvrage commencent à prendre cours dans le monde agronomique; pour que justice soit rendue à qui de droit, je prie mes lecteurs de vouloir bien se rappeler que mon travail a été communiqué, en 1859, à la Société d'Agriculture d'Orléans, et que la plupart des analyses dont il résume les conclusions, remontent à une date authentique beaucoup plus reculée.

Trente-six mémoires adressés à la Société d'Agriculture d'Orléans, des diverses parties de la France, constataient unanimement l'exactitude du fait que leurs auteurs s'étaient donné la mission d'étudier.

PREMIÈRE PARTIE.

Première question. — QUELLES SONT LES CAUSES QUI RENDENT LES PRAIRIES ARTIFICIELLES, ET SURTOUT LE TRÈFLE, LE SAINFOIN ET LA LUZERNE, MOINS PRODUCTIVES ET DE MOINS LONGUE DURÉE QU'AUTREFOIS?

CONSIDÉRATIONS GÉNÉRALES.

Pour établir une bonne comptabilité du sol, pour prévoir, autant que nous le permettent nos connaissances agronomiques actuelles, les conséquences pratiques des opérations agricoles auxquelles nous nous livrons, il importe de chercher à nous rendre compte de ce que nous enlevons au sol par nos récoltes, et de la puissance et de l'efficacité des ressources que nous mettons à sa disposition; il importe de connaître la mesure des efforts qu'a faits la terre pour répondre à nos exigences, et l'importance des sacrifices que nous nous sommes imposés ncus-mêmes pour entretenir ou pour accroître la vigueur de ces efforts.

Rien ne vient de rien,

a dit autrefois un poëte, et c'est en agriculture surtout qu'il a cent fois raison ; peut-être a-t-on perdu cet axiome de vue, dans ces derniers temps, pour la culture des prairies artificielles : il serait si commode de recevoir beaucoup sans presque rien donner !

Certaines idées théoriques, interprétées d'une manière inexacte, ont pu entretenir les agriculteurs dans cette tendance funeste qu'il serait imprudent de laisser se continuer plus longtemps.

On a dit :

« Les plantes qui forment la base ordinaire
« de nos prairies artificielles vivent exclusivement
« aux dépens de l'atmosphère, et, loin d'épuiser
« le sol qui les produit, elles le reposent et
« l'enrichissent. »

Et l'on a cité, comme preuves irrécusables de

l'exactitude de cette doctrine, les belles et bonnes récoltes qui suivent ordinairement, sans engrais, les cultures de trèfle, de luzerne et de sainfoin.

C'est là, comme on voit, un fait providentiel; mais alors pourquoi ces inquiétudes sur l'avenir? Est-ce que l'atmosphère se serait appauvrie depuis cinquante à soixante ans? ou bien ne serait-ce pas plutôt encore une erreur à combattre, une nouvelle illusion à détruire?

Je ne rappellerai pas ici toutes les raisons que l'on a fait valoir pour appuyer la théorie dont je viens de citer sommairement la substance: ces raisons sont trop connues, elles ont fait leur chemin, parce qu'on avait intérêt à les considérer comme bonnes.

Ces raisons sont-elles admissibles aujourd'hui sans conteste? Je ne le pense pas.

Voyons, en effet, quels sont les principes constitutifs des principales espèces végétales qui forment la base de nos prairies artificielles; il sera facile de constater ainsi que l'atmosphère ne peut fournir entièrement tous ces principes, et par conséquent, que le sol joue, à l'égard de ces plantes, un autre rôle que celui de simple support mécanique ou de stérile intermédiaire.

CHAPITRE PREMIER.

COMPOSITION DU SAINFOIN EN FLEUR (1).

(Variété commune, à une seule coupe.)

Un kilogramme de ce sainfoin, complètement privé d'humidité, contient:

Matières organiques	946^{gr},05
Matières minérales (cendres)	53 ,95
Total	1000^{gr}

(1) Je dois déclarer, une fois pour toutes, qu'il s'agit ici de fourrages récoltés dans la plaine de Caen.

Si les fourrages récoltés dans d'autres pays offrent quelques différences, ces dernières resteront toujours comprises entre des limites peu étendues.

Les plus grands écarts porteront généralement sur la soude, parce que cette substance, plus abondante dans les terrains peu éloignés de la mer, est absorbée en proportion plus grande par les plantes qui croissent sur des terres placées dans de pareilles conditions.

L'analyse des cendres de cette même plante m'a donné les résultats suivants :

	Par kilogramme de cendres.	Par kilogramme de fourrage complètement sec.
Silice	15^{gr},1	0^{gr},815
Chaux	420 ,3	22 ,675
Magnésie	60 ,9	3 ,286
Potasse.	89 ,4	4 ,823
Soude	46 ,8	2 ,525
Acide phosphorique . .	135 ,9	7 ,332
Matières diverses non dosées (acide carbonique, chlore, soufre etc.) . .	231 ,6	12 ,494
Totaux	1000^{gr}	53^{gr},950

Enfin, ce même fourrage contenait, par kilogramme, 23 grammes d'azote en combinaison.

Toutes les parties du fourrage n'ont pas la même composition chimique ; les résultats qui précèdent s'appliquent à la plante entière, prise dans son ensemble et telle qu'on la récolte habituellement ; mais, si l'on considérait à part, et séparément, les fleurs, les feuilles et les tiges *nues,* on trouverait de très-notables différences dans la composition chimique de ces diverses parties du sainfoin. Pour ·abréger, je vais résumer, dans quelques chiffres, les résultats

différentiels auxquels j'ai été conduit, en faisant,
à ce point de vue spécial, l'analyse du sainfoin :

	Azote en combinaison par kilogramme de matière *sèche.*
Fleurs.	34^{gr},6
Feuilles.	34 ,0
Tiers supérieur des tiges dépouillées de feuilles et de fleurs.	18 ,7
Deux tiers inférieurs de ces mêmes tiges. .	12 ,7
Fleurain (1)	28 ,8

Matières minérales provenant de l'incinération
d'un kilogr. de fourrage complètement dépouillé
d'humidité.

	Par kilogramme.
Fleurs.	58^{gr},7
Feuilles.	88 ,4
Tiers supérieur des tiges nues.	47 ,8
Deux tiers inférieurs des mêmes tiges. . .	27 ,5
Plante considérée dans son entier. . . .	53 ,9

Si, au lieu d'envisager en bloc l'ensemble des
matières minérales provenant de ces différentes
parties du sainfoin, nous cherchons à spécifier

(1) On donne habituellement le nom de *fleurain* aux débris
qui tombent pendant les manipulations du fourrage ; ces débris
contiennent des fleurs, des feuilles, des fragments de
rameaux, etc.

la nature et les proportions de ces divers principes minéraux, nous trouvons, dans un kilogramme de chacune de ces parties de la plante complètement sèche, des résultats que, pour économiser l'espace, nous avons rassemblés sous forme de tableau synoptique.

PARTIES de LA PLANTE.	NATURE ET PROPORTIONS DES SUBSTANCES MINÉRALES CONTENUES dans 1 kil. de matières sèches.					
	Acide phospho-rique.	Silice.	Chaux.	Ma-gnésie.	Potasse.	Soude.
	gr.	gr.	gr.	gr.	gr	gr.
Fleurs...............	11,2	0,047	23,651	2,491	7,522	2,627
Feuilles...............	9,6	0,080	44,801	2,829	3,315	2,970
1/3 supérieur des tiges.	6,5	0,449	17,203	4,264	3,437	2,312
2/3 inférieurs des tiges.	5,0	0,945	10,726	4,974	3,707	4,227
Plante considérée dans son entier.........	7,332	0,815	22,675	3,286	4,823	2,525

Ces résultats fournissent une preuve surabondante du fait que nous signalons, c'est-à-dire de la différence de composition des diverses parties de la plante.

Ceci n'est pas particulier au sainfoin; nous trouverions des différences de même nature par l'examen détaillé des diverses parties de presque toutes les plantes.

CHAPITRE II.

COMPOSITION DU TRÈFLE EN FLEUR.

Un kilogramme de trèfle coupé en fleur, complètement privé d'humidité, contient :

Matières organiques.	925^{gr},83
Matières minérales (cendres)	74 ,17
Total	1000^{gr}

Par l'analyse des substances minérales , j'y ai trouvé :

	Pour 1 kilog. de cendres.	Pour 1 kilog. de fourrage complètement sec.
Silice	11^{gr},0	0^{gr},816
Chaux	310 ,1	23 ,000
Magnésie	85 ,7	6 ,356
Potasse.	101 ,7	7 ,589
Soude	67 ,5	5 ,006
Acide phosphorique. . .	92 ,2	6 ,839
Matières diverses non dosées (charbon et acide carbonique, chlore, soufre, etc.)	331 ,8	24 ,384
Totaux . . .	1000	74 ,170

Ce même fourrage contenait, par kilogramme de matière complètement privée d'humidité, 24 grammes d'azote en combinaison.

Nous retrouvons encore, comme dans le sainfoin, entre les diverses parties de la plante, des différences de même ordre, encore plus tranchées même, au point de vue de la composition chimique.

Je me bornerai à citer celles qui concernent leur richesse en azote, à poids égal :

	Azote par kilogramme de matière seche pris dans chaque partie.
Fleurs.	$36^{gr},3$
Feuilles	40 ,4
Tiers supérieur des tiges dépouillées de feuilles et de fleurs.	18 ,1
Partie inférieure (deux autres tiers) de ces mêmes tiges.	11 ,5
Fleurain	39 .0

CHAPITRE III.

Un kilogr. de fourrage complètement privé d'humidité m'a donné les résultats suivants :

Matières organiques.	914^{gr},25
Matières minérales (cendres)	85 ,75
Total.	1000

Et j'ai obtenu, par l'analyse des cendres :

	Pour 1 kilogr. de cendres.	Pour 1 kilog de fourrage complètement desséché.
Silice	16^{gr},75	1^{gr},436
Chaux.	300 ,25	25 ,746
Magnésie.	85 ,75	7 ,353
Potasse	101 ,69	8 ,720
Soude	67 ,50	5 ,788
Acide phosphorique (1). .	94 ,48	8 ,102
Matières diverses non dosées (charbon et acide carbonique, soufre, chlore, etc)	333 ,58	28 ,605
Totaux.	1000	85 ,750

(1) A chaque kilogramme d'acide phosphorique correspondraient 2 kil. 16 de phosphate de chaux tribasique.

Ce même fourrage, complètement privé d'humidité, contenait environ 22 gr. d'azote combiné par kilogramme.

Si, comme pour le trèfle et pour le sainfoin, nous comparons entre elles les différentes parties de la luzerne, nous trouvons les mêmes différences tranchées dans leur composition. En nous bornant à celles qui concernent l'azote, nous avons trouvé :

	Azote par kilogramme de matière sèche pris dans chaque partie.
Fleurs.	46^{gr},9
Feuilles	42 .7
Tiers supérieur des tiges dépouillées de feuilles et de fleurs.	24 ,0
Partie inférieure (les deux autres tiers) de ces mêmes tiges.	15 ,5
Fleurain	34 ,5

Observation générale concernant les trois plantes fourragères.

Il résulte, de l'ensemble des données fournies par les trois chapitres précédents, que, dans les trois plantes fourragères dont l'étude nous occupe, il existe de grandes différences dans la composition de leurs parties, et que, dans toutes les trois, les principes azotés et minéraux y sont très-inégalement répartis.

Classées d'après leur plus grande richesse en azote ou en substances minérales, ces diverses parties se succèdent toujours dans l'ordre suivant :

1° Feuilles et fleurs, à peu près sur la même ligne ;

2° Partie supérieure des tiges dépouillées de feuilles et de fleurs ;

3° Partie inférieure de ces mêmes tiges.

Le fleurain, comme on devait s'y attendre, à raison de son origine, se placerait à côté des feuilles et des fleurs.

Nous aurons occasion, par la suite, de revenir sur cette remarque, pour en faire mieux ressortir l'importance pratique dans la question qui nous occupe.

Nous n'avons pas besoin d'ajouter que tous ces résultats d'analyses ne doivent être considérés que comme des approximations, parce que la même plante est susceptible d'éprouver des variations *sensibles* dans sa composition, suivant les années, suivant la fertilité du sol, suivant sa plus ou moins belle venue ; mais, tels qu'ils sont, ces résultats peuvent être considérés comme représentant une composition moyenne qui ne doit pas être éloignée de la vérité dans la plupart des cas.

CHAPITRE IV.

PRÉLÈVEMENTS FAITS SUR LE SOL PAR LES RÉCOLTES
DE TRÈFLE, DE LUZERNE ET DE SAINFOIN.

I. — TRÈFLE.

Si nous admettons, pour le trèfle, qui dure ordinairement deux ans, un rendement annuel moyen de 5 500 kilogrammes de fourrage complètement desséché par hectare, les deux années de récolte seront représentées par 11 000 kilogrammes.

Or nous avons vu, dans le chapitre II (p. 9), que chaque kilogramme de trèfle complètement privé d'humidité contient 24 grammes d'azote et $6^{gr},839$ d'acide phosphorique; on y trouve encore d'autres principes dont nous avons également indiqué la nature et les proportions.

Il en résulte que les 11 000 kilogrammes de fourrage sec représentent, par hectare :

Matières organiques.	10 184 kilog.
Azote en combinaison	264
Acide phosphorique	75
Chaux et magnésie	330
Soude et potasse.	138

II. — SAINFOIN.

Nous trouverons de même, en consultant les données qui se rapportent au sainfoin (chap. I, p. 5), et en admettant une coupe annuelle moyenne de 4 000 kilogrammes de fourrage complètement sec, que les 12 000 kilogrammes fournis par les trois années de récolte de sainfoin contiendront :

Matières organiques.	11 353 kilog.
Azote en combinaison	276
Acide phosphorique.	88
Chaux et magnésie	312
Soude et potasse	88

Il faut encore ajouter à ces prélèvements le regain des deux premières années, dont le poids peut être évalué à 1 600 kilogrammes de matière sèche, dont

Matières organiques.	1 506
Et substances minérales	94

Suivant les analyses que j'en ai faites, ce regain contient encore 59 kilogrammes d'azote en combinaison et plus de 10 kilogrammes d'acide phosphorique.

Il résulte de là que, pendant ces trois années de durée, un hectare de sainfoin produit en tout, comme substance fourragère :

Matières organiques	12 859 kilog.
Azote en combinaison	335
Acide phosphorique	98
Chaux et magnésie, environ . . .	350
Soude et potasse, environ	98

III. — LUZERNE.

Si nous considérons maintenant la luzerne, en admettant, pour cette plante, une durée de cinq ans et un rendement moyen annuel de 7 000 kilogrammes de fourrage sec complètement privé d'humidité, les cinq années de coupe représenteront un total de 35 000 kilogrammes de matière sèche.

En nous reportant aux données analytiques du chapitre précédent (p. 10), cette masse de fourrage représenterait:

<pre>
Matières organiques .   .   .   .   .   .   31 993 kilog.
Azote en combinaison   770
Acide phosphorique   284
Chaux et magnésie 1 158
Soude et potasse   508
</pre>

Les nombres que nous venons de donner pour le trèfle, pour le sainfoin et pour la luzerne, sont en rapport avec les rendements que nous avons admis, et varieraient avec eux dans une proportion qu'il serait assez facile d'établir dans tous les cas qui peuvent se présenter.

Ces nombres peuvent nous servir à établir la mesure du prélèvement exercé sur le sol par ces diverses récoltes fourragères.

Si nous comparons, dans ces résultats, la masse d'azote combiné et celle du fumier de ferme qui, à ce point de vue spécial, lui serait équivalente, nous trouvons:

1° Que les deux années de récolte du trèfle représenteraient 44 000 kilogrammes de *bon fumier* de ferme *par hectare*;

2° Que les trois années de récolte de sainfoin en représenteraient 55 833 kilogrammes ;

3° Enfin, que les cinq années de récolte de la luzerne en représenteraient 128 333 kilogrammes.

En considérant les matières minérales les plus importantes, on arriverait à des conséquences du même ordre.

Nous verrons, par la suite, combien il importe, dans la question qui nous occupe, de faire entrer en ligne de compte ces diverses données, si l'on ne veut pas s'exposer aux erreurs agronomiques les plus graves.

CHAPITRE V.

IMPORTANCE ET NATURE DES RÉSIDUS LAISSÉS DANS LA COUCHE SUPERFICIELLE DU SOL PAR LE TRÈFLE, PAR LA LUZERNE ET PAR LE SAINFOIN.

Les fourrages dont il est ici question éprouvent, pendant les manipulations dont ils sont nécessairement l'objet, avant d'être emmagasinés au fenil, des pertes assez considérables, provenant de la chute des feuilles et des sommités des jeunes rameaux qui se brisent par le froissement.

Il faut y ajouter aussi les débris de feuilles qui se détachent naturellement de la partie inférieure de la tige avant la coupe du fourrage.

Ces débris divers, qui peuvent ainsi se détacher et tomber sur le sol, peuvent s'élever parfois jusqu'à 15 ou 20 pour 100 du poids du fourrage, lorsque celui-ci est tendre, court, et que les manipulations se font au milieu du jour par un soleil ardent.

Nous admettrons, ce qui paraît l'expression au moins très-approchée des faits, pour une partie de la Beauce orléanaise et du Gâtinais, que cette perte s'élève à 10 pour 100 pour le trèfle, la luzerne et le sainfoin (1).

Cette perte représenterait donc, sur un hectare :

1° Pour les deux années de trèfle, un poids de 1 100 kilogrammes de matières sèches ;

2° Pour les trois années de sainfoin, 1 200 kilogrammes ;

3° Pour les cinq années de luzerne, 3 500 kilogrammes.

L'analyse que j'ai faite de ces débris, souvent désignés sous le nom de *fleurains*, m'a fourni :

1° Dans ceux de trèfle, 59 gr. d'azote par kilogramme de matière complètement privée d'humidité ;

2° Dans ceux de sainfoin, 32^{gr},5 d'azote par kilogramme de matière sèche ;

3° Enfin, dans ceux de luzerne, 32^{gr},4 d'azote combiné par kilogramme.

(1) Ce chiffre approcherait beaucoup de la moyenne pour tous les pays où les plantes fourragères dont il s'agit n'atteignent pas une très-grande hauteur.

En recevant ces débris, le sol reçoit donc, en réalité, une proportion d'azote combiné, sous la forme d'engrais, qui s'élève :

Pour le trèfle, à environ. . . . . . . 44 kilog.
Pour le sainfoin, à environ. . . . . 39 kilog.
Et pour la luzerne, à plus de . . . . 113 kilog.

Mais ces résidus ne sont pas les seuls que laissent au sol le trèfle, la luzerne et le sainfoin ; ce n'en est même pas, à beaucoup près, la partie la plus importante.

Au moment où une prairie artificielle de cette nature est rompue, ses racines ont acquis un poids et un volume considérables dont il importe au plus haut degré de tenir compte, dans une étude comme celle qui nous occupe.

Pour le *trèfle*, le poids de ces racines (non desséchées) s'élève, suivant M. Heuzé, à 5 200 kilogr. par hectare, dans les terres moyennes de Seine-et-Oise ; et si nous admettions, avec M. de Gasparin, que ce poids de racines est égal à 83 pour 100 du rendement annuel en fourrage, nous arriverions à un chiffre beaucoup plus élevé encore ; car les 5 200 kilogrammes dont il vient d'être question ne représentent que

2

1 716 kilogrammes de matière sèche, tandis que l'évaluation basée sur les données de M. de Gasparin porterait ce chiffre à plus de 4 500 kilogrammes.

Suivant M. Lecorbeiller, ces racines contiennent, par kilogramme :

Eau	670^{gr},0
Matière sèche	330 ,0
Cendres	53 ,7
Azote (combiné)	9 ,7

Nos 5 200 kilogrammes contiendront donc :

Matière sèche	1 716^{kil},0
Matières minérales (cendres)	279 ,0
Azote combiné	50 ,5

L'ensemble de ces deux sortes de résidus laissés sur le sol par le trèfle représente donc plus de 94 kilogrammes d'azote combiné ; on y trouverait de même plus de 18 kilogrammes d'acide phosphorique.

Si nous ajoutons encore les autres principes minéraux, chaux, magnésie, soude, potasse, etc., on comprendra toute l'importance de ces résidus.

Pour le *sainfoin*, le poids des racines s'élève à plus de 12 000 kilogrammes ; en nous bornant à ce chiffre, et en admettant la richesse de 10^{gr},4 d'azote par kilogramme, trouvée par M. Lecorbeiller, *ces racines représenteraient un total de 125 kilogrammes d'azote qui, réunis aux 39 kilogrammes contenus dans le fleurain tombé, forment une somme de 164 kilogrammes d'azote ; on y trouvera de même environ 43 kilogrammes d'acide phosphorique,* sans compter les autres principes minéraux qui sont plus abondants que dans les résidus du trèfle, parce que la masse des résidus laissés par le sainfoin est elle-même plus considérable.

Enfin, si nous passons à la *luzerne,* la masse des racines est plus considérable encore ; M. Heuzé a trouvé, à Grignon, 20 000 kilogrammes par hectare ; M. de Gasparin en avait trouvé plus de 37 000 kilogrammes dans de bonnes luzernières du Midi.

Nous admettrons le premier nombre, qui se rapporte à des conditions plus en harmonie avec celles que l'on rencontre habituellement dans l'Orléanais.

M. Lecorbeiller y a trouvé 11^{gr},1 d'azote par kilogramme, ce qui fait, pour la masse entière des racines d'un hectare, 222 kilogrammes. En y ajoutant les 113 kilogrammes contenus dans les fleurains tombés, on arrive au chiffre énorme de 335 kilogrammes d'azote laissés sur un hectare par les débris et racines de la luzerne, depuis son ensemencement jusqu'au moment de son défrichement.

On peut estimer à 132 kilogrammes la proportion d'acide phosphorique renfermée dans ces mêmes résidus et laissée à chaque hectare de terre qui a porté de la luzerne pendant cinq ans, dans de bonnes conditions moyennes. Il faudrait encore y ajouter plus d'un millier de kilogrammes de substances minérales diverses, parmi lesquelles dominent la chaux, la magnésie, la potasse et la soude.

En résumant ces diverses données, nous trouvons, pour les proportions d'azote, d'acide phosphorique, etc., laissés sur chaque hectare de terre par les résidus des plantes fourragères dont il est ici question :

	Azote combiné.	Acide phosphorique.	Matières minérales diverses (environ).
Trèfle.	94	18	275
Sainfoin	164	43	450
Luzerne	335	132	1 200

CHAPITRE VI.

DE L'AMÉLIORATION DE LA COUCHE SUPÉRIEURE DU SOL PAR LA CULTURE DU TRÈFLE, DE LA LUZERNE ET DU SAINFOIN.

Quelle que soit la théorie en vogue, quelle que soit l'explication des résultats obtenus par la pratique, il est universellement reconnu que la culture des céréales réussit toujours mieux après celles du trèfle, de la luzerne ou du sainfoin ; souvent, la culture préalable de ces plantes fourragères peut équivaloir à une fumure et permettre une ou plusieurs récoltes de céréales sans engrais ; c'est précisément ce qui a valu à ces plantes fourragères la qualification d'*améliorantes*.

Nous pouvons maintenant nous expliquer ce rôle des plantes fourragères dans toute sa simplicité. Il suffira de consulter les données rassemblées dans le chapitre précédent.

Ainsi le trèfle laisse, par ses résidus (racines, fleurains), des éléments de fertilité qui peuvent être représentés par l'équivalent de 15 667 kilogrammes de bon fumier de ferme par hectare ;

Les débris analogues laissés par le sainfoin représentent l'équivalent de 27 333 kilogrammes de bon fumier par hectare ;

Enfin les débris que laisse la luzerne, sur le champ qui l'a portée pendant cinq ans, équivalent à l'emploi de 55 833 kilogrammes de fumier de ferme par hectare, et c'est surtout au moment de la destruction de la prairie artificielle que la majeure partie de ces débris fertilisants sont mis à la disposition du sol.

Pour se faire maintenant une idée de l'influence de ces matières sur la production des céréales qui succèdent au trèfle, à la luzerne ou au sainfoin, il suffira de se rappeler qu'une bonne récolte de blé (paille et grain réunis) prélève, sur la même terre, environ 55 kilogrammes d'azote, c'est-à-dire un peu plus de la moitié de ce que nous en avons trouvé dans les débris laissés par le trèfle, environ le tiers de ce qu'en renferment les débris laissés par le sainfoin, et à peu près la sixième partie de ce que l'analyse chimique en indique dans les fleurains et les racines de la luzerne (1).

(1) Ces nombres se rapportent à des cultures de moyenne fertilité ; mais on pourrait encore les appliquer à des terres plus productives, parce que, si les céréales qui succèdent aux plantes fourragères donnent un rendement plus abondant, les débris, les racines surtout, sont eux-mêmes plus considérables.

CHAPITRE VII.

DE L'ORIGINE OU DE LA SOURCE DU POUVOIR AMÉLIORANT
DU TRÈFLE, DE LA LUZERNE ET DU SAINFOIN.

Nous arrivons maintenant au point le plus délicat de la question, à l'un des véritables nœuds de la difficulté.

Où le trèfle, la luzerne et le sainfoin prélèvent-ils ces éléments de fertilité qu'ils laissent dans le sol après eux ?

Où vont-ils même chercher les principes qui constituent la substance de ces précieuses récoltes dont on craint si fort de voir trop diminuer l'abondance ?

Est-ce dans l'atmosphère seulement, comme on l'a si souvent dit ?

Pour ne pas étendre inutilement la discussion, bornons-la aux principes auxquels on attribue, soit dans les matières alimentaires, soit dans les engrais, un rôle des plus importants, l'*azote* et les phosphates représentés par l'acide *phos-*

phorique, puis les autres substances minérales, telles que les composés de chaux, de magnésie, de potasse.

I. — TRÈFLE.

Si nous réunissons au fourrage récolté les fleurains et racines qui restent sur le sol, nous voyons qu'un hectare de trèfle a dû trouver, aux sources qui entretiennent sa végétation, pendant ses deux années de durée, au moins 358 kilogrammes d'azote, 106 kilogrammes d'acide phosphorique, environ 390 kilogrammes de chaux et magnésie, environ 167 kilogrammes de soude et potasse réunies.

II. — SAINFOIN.

Le sainfoin, pendant ses trois années de durée ordinaire, demande, pour la seule production du fourrage qu'il produit, 336 kilogrammes d'azote et 98 kilogrammes d'acide phosphorique; les débris qu'il fournit, par ses fleurains et ses racines, représentent 169 kilogrammes d'azote et 43 kilogrammes d'acide phosphorique; le sainfoin a donc exigé, pendant son développe-

ment, une somme de 505 kilogrammes d'azote,
141 kilogrammes d'acide phosphorique, à quoi
nous pouvons joindre environ 435 kilogrammes
de chaux et magnésie, et environ 120 kilogrammes de soude et de potasse réunies.

III. — LUZERNE.

Enfin la luzerne, pendant ses cinq années
d'existence, a dû emprunter beaucoup plus encore
aux sources qui l'ont nourrie, puisque nous y
trouvons, par hectare :

1° Pour son fourrage, 770 kilogrammes
d'azote et 284 kilogrammes d'acide phosphorique.

2° Pour la production de ses fleurains perdus
et pour le développement de ses racines, 335
kilogrammes d'azote et 132 grammes d'acide
phosphorique ;

En tout, l'énorme proportion de 1 105 kilogrammes d'azote et de 416 kilogrammes d'acide
phosphorique, à quoi nous pouvons joindre
environ 1 350 kilogrammes de chaux et magnésie
et plus de 600 kilogrammes de soude et de
potasse réunies.

Or, dans l'état actuel de la science chimique

et agronomique, il ne paraît pas possible d'admettre que l'atmosphère fournisse aux récoltes une autre proportion notable de son azote que celui que les météores aqueux (pluie, rosée, brouillard, etc.), apportent au sol, soit à l'état d'ammoniaque ou de sels ammoniacaux, soit à l'état d'acide nitrique ou de nitrates, et les expériences faites dans ces derniers temps, en vue d'en évaluer la quantité moyenne, ne permettent pas de porter cette évaluation à plus de 25 à 27 kilogrammes d'azote combiné reçu annuellement par hectare.

Adoptons le chiffre le plus large, celui de 27 kilogrammes, qui est le plus favorable à l'opinion de ceux qui attribuent à l'atmosphère une grande influence, par ses éléments, dans le succès des récoltes des plantes fourragères dont il s'agit ; la part possible de l'atmosphère se trouve alors représentée par 54 kilogrammes d'azote, pour les deux années de durée de *trèfle* sur chaque hectare.

Par la même raison, pendant les trois années de sa durée, un hectare de *sainfoin* reçoit tout au plus, de l'atmosphère, un contingent d'azote combiné représenté par 81 kilogrammes.

Enfin un hectare de *luzerne* ne peut en re-

cevoir plus de 135 kilogrammes pendant ses cinq
années d'existence.

Si l'on défalque ces faibles contingents des
résultats que nous avons précédemment obtenus,
il reste encore :

> Pour le trèfle . . . . 304 kilogrammes,
> Pour le sainfoin . . . . . . 424 kilogrammes,
> Et pour la luzerne. . . . . 970 kilogrammes,

d'azote combiné qui ne peuvent, suivant la plus
grande vraisemblance, provenir de l'atmosphère,
et que *le sol a dû nécessairement fournir*.

Si nous comparons ces chiffres, en quelque
sorte fabuleux, bien qu'ils ne soient que l'expression de la réalité, aux 55 kilogrammes
d'azote contenus dans une récolte de froment
que l'on considère comme épuisante, il semble,
à première vue, que nous nous trouvions en
présence d'une grande difficulté, pour expliquer
comment des plantes qui empruntent au sol
depuis trois cents jusqu'à près de *mille* kilogrammes d'azote à l'état de combinaison, c'est-
à-dire depuis près de six fois jusqu'à près de
vingt fois autant qu'une récolte de froment,
peuvent être appelées des plantes améliorantes.

Cependant, un examen plus attentif nous

permct de nous rendre compte de ce résultat, en apparence si extraordinaire.

Examinons, en effet, la forme et les dimensions des racines de ces plantes fourragères ; il est facile de voir qu'elles sont conformées de manière à pouvoir aller chercher à une grande profondeur, hors de la région où vivent habituellement les racines des céréales, les principes fertilisants dispersés ou accumulés au-dessous de la couche arable ordinaire.

Celles du sainfoin, par exemple, pénètrent quelquefois jusqu'à deux mètres de profondeur et peuvent s'étendre plus loin encore dans les interstices des roches calcaires. Mais c'est surtout dans la luzerne que nous pouvons observer ces racines qui pénètrent à une profondeur considérable ; M. de Gasparin en a vu de quatre mètres de longueur, et il en existe une, au musée de Berne, qui a, dit-on, *près de seize mètres.*

Mais il ne suffit pas de montrer que cette masse considérable de matière azotée, dont l'analyse nous indique la présence dans les récoltes de nos prairies artificielles, ne peut avoir sa source que dans le sol qui les a portées, il faut encore montrer que cette source existe réellement dans le sol, et qu'aux profondeurs auxquelles peuvent parvenir les racines du trèfle, de la luzerne et du sainfoin, ces dernières pourront trouver dans le sol, en suffisantes proportions, ces matières azotées dont elles ont besoin pour prospérer.

J'ai fait à ce sujet, dans deux champs différents, n'ayant pas reçu d'engrais depuis plusieurs années, les deux séries d'expériences dont je vais rapporter les résultats.

J'ai pratiqué, dans le premier de ces deux champs, à huit places différentes, des trous de quarante centimètres de profondeur; dans chacun de ces trous, j'ai pris un premier échantillon de terre destiné à représenter la couche supérieure, depuis la surface jusqu'à 20 centimètres de profondeur; puis un second échantillon destiné à représenter la couche comprise entre 20 et 40 centimètres de profondeur.

L'analyse de la première série d'échantillons m'a fourni une proportion d'azote combiné équivalente à 6 636 kilogrammes par hectare; l'examen de la seconde m'en a donné 4 628 kilogrammes par hectare.

La terre de ce champ, en ne considérant qu'une couche de 40 centimètres d'épaisseur, renfermait donc, dans cette couche, au moins 11 264 kilogrammes d'azote combiné par hectare, et la moitié inférieure de cette couche, située au-dessous de la couche arable, contenait encore plus des deux tiers de la proportion d'azote contenue dans la couche supérieure.

Les recherches ont été poussées, dans le second champ, jusqu'à une profondeur beaucoup plus considérable, et l'on a trouvé, dans les 25 premiers centimètres de la couche supérieure; 8 266 kilogrammes d'azote combiné par hectare ;

Depuis 25 jusqu'à 50 centimètres. . . 5 059 kil.
Depuis 50 jusqu'à 75 centimètres. . . 3 479
Depuis 75 centimètres jusqu'à 1 mètre . 2 816

En tout . . . . 18 620 kil.

et dans cette somme ne sont même pas compris les nitrates dont M. Boussingault à, dans ces derniers temps, fixé si haut la proportion dans certains cas.

Enfin, de la terre située à des profondeurs comprises entre 1 mètre et 2 mètres contenait encore le sixième de l'azote que l'on trouvait dans le même poids de la terre de la couche supérieure.

En évaluant à 20 centimètres la profondeur des labours, à 25 centimètres même si l'on veut, et *en ne tenant pas compte des matières azotées contenues dans cette couche,* les racines des plantes fourragères pourraient trouver, de 25 à 50 centimètres, au moins 5 059 kilogrammes d'azote en combinaison ; elles en trouveraient 8 538 kilogrammes, en descendant jusqu'à 75 centimètres ; enfin, elles en trouveraient plus de 11 354 kilogrammes en descendant jusqu'à un mètre de profondeur, et elles en trouveraient encore au-delà.

Les racines des plantes fourragères pourront donc trouver, dans les régions du sol où elles pénètrent, ces principes fertilisants qui leur sont indispensables, et en proportions bien plus que suffisantes, et c'est sans aucun doute parce qu'elles les y trouvent, qu'elles y pénètrent et s'y développent quelquefois si puissamment (1).

Si, au lieu de considérer l'azote, nous considérons l'acide phosphorique, nous pouvons affirmer, dans l'état actuel de nos connaissances,

(1) On a objecté que tout cet azote n'est pas immédiatement assimilable ; je l'admettrai volontiers, mais il suffirait que la dixième partie le fût, pour nous donner raison.

que rien ne nous autorise à penser que l'atmosphère contribue d'une manière un peu
notable, sous ce rapport, au développement
des récoltes, et que la presque totalité de ce
qu'elles en contiennent doit, au contraire, avoir
été fournie par le sol.

Or, l'analyse nous ayant appris qu'une bonne
récolte ordinaire de blé ne contient que 16 à 18
kilogrammes d'acide phosphorique, les 106 kilogrammes d'acide phosphorique prélevés par
le trèfle, les 141 kilogrammes prélevés par le
sainfoin, et les 416 kilogrammes prélevés par la
luzerne, constituent des dépenses relativement
énormes, puisqu'elles sont :

Pour le trèfle, cinq fois et demie plus considérables que pour le froment ;

Pour le sainfoin, sept fois et demie ;

Et pour la luzerne, vingt-trois fois cette proportion dont l'analyse a constaté la présence
dans une bonne récolte moyenne de froment.

Enfin, nous arriverions à des résultats com-
paratifs bien plus tranchés encore, en considérant
les autres principes minéraux du sol, chaux,
soude, potasse, etc.

Il paraît donc bien établi par là que c'est le
sol qui fournit aux plantes fourragères la majeure

partie, si ce n'est la totalité, de l'azote et des principes minéraux qu'elles renferment, et que la proportion de ces substances est beaucoup plus considérable dans une récolte de plantes fourragères que dans une récolte de céréales.

CHAPITRE VIII.

Nous venons de voir, dans le chapitre précédent, que c'est dans le sol qui les porte que les plantes fourragères à racines pivotantes doivent trouver la majeure partie de la proportion d'azote qui leur donne une si haute valeur pour l'alimentation des animaux, et la totalité de l'acide phosphorique ou des phosphates nécessaires à leur développement normal, et indispensable pour le travail d'accroissement ou de remplacement qui s'opère constamment dans la charpente osseuse des animaux qui s'en nourrissent.

Le sol doit encore fournir aux plantes fourragères un contingent considérable de substances minérales diverses, chaux, magnésie, soude, potasse, etc.

Il en résulte que les plantes fourragères qui nous occupent ne font pas exception à la règle générale, et que, si le froment, ou, plus généralement, que si les récoltes dont les racines vivent plus spécialement dans les couches superficielles du sol épuisent ces couches, en prélevant à leur profit certains éléments de fertilité, les plantes fourragères qui, comme le trèfle, le sainfoin et la luzerne, donnent de si abondants produits, doivent épuiser plus énergiquement encore les couches profondes où leurs racines vont chercher l'énorme proportion de matières azotées, de phosphates et d'autres principes minéraux nécessaires à leur développement.

Il est évident que, toutes choses égales d'ailleurs, l'épuisement sera d'autant plus rapide, d'autant plus considérable, que les récoltes seront plus fréquentes et plus abondantes.

Toute pratique, tout procédé de culture qui, sans fournir aux récoltes des prairies artificielles l'intégralité des principes qui les constituent, pourrait cependant activer leur développement, devra, par cela même, activer l'épuisement du sol sur lequel on les aura obtenues.

Si, pour maintenir ce dernier en état de produire pendant longues années, à des intervalles de temps assez rapprochés, d'abondantes récoltes de froment, il est indispensable de lui fournir de copieuses fumures, il n'est pas moins nécessaire que le sol présente aux récoltes fourragères les éléments dont nous avons reconnu pour eux l'indispensable nécessité.

En un mot, les plantes fourragères épuisent le sol à leur manière ; le fait est surabondamment prouvé aujourd'hui par la pratique, et une saine théorie conduit sans peine à reconnaître qu'il n'en saurait être autrement.

CHAPITRE IX.

D'OÙ VIENNENT LES PRINCIPES FERTILISANTS QUI SE TROUVENT DANS LES COUCHES PROFONDES DU SOL? COMMENT PEUT S'ENTRETENIR LA RICHESSE DE CES COUCHES, ET, PAR SUITE, SE MAINTENIR LA FERTILITÉ SPÉCIALE DU SOL POUR LES PRAIRIES ARTIFICIELLES A RACINES PROFONDES?

Reportons-nous, par la pensée, à l'époque où furent introduites la culture de la luzerne, celle du trèfle, celle du sainfoin; ces plantes ont dû trouver d'abord, dans les couches profondes du sol, ce que nous pourrions appeler *le vieux fonds de richesse naturelle de ces couches,* c'est-à-dire une quantité plus ou moins considérable de principes fertilisants accumulés par les siècles.

Ainsi s'expliqueraient les premiers succès de ces sortes de cultures, leur rapide extension et les immenses services qu'elles ont rendus à l'agriculture.

Mais nous savons maintenant que ce vieux

fonds de richesse naturelle ne pouvait être utile qu'à la condition de s'amoindrir ; que la masse des produits dus à son influence peut nous donner une idée de son appauvrissement, et qu'à l'abondance succèderait bientôt la disette, si la sagesse de la Providence et les soins du cultivateur ne lui venaient en aide, et voici comment :

Lorsque des matières fertilisantes sont déposées à la surface du sol, c'est-à-dire mélangées avec la couche superficielle ordinairement entamée par les labours, une partie plus ou moins considérable de l'engrais s'unit intimement avec les éléments de cette couche et sert ensuite à l'alimentation des céréales ou des récoltes qui, comme elles, vivent principalement à la surface ; mais, quelle que soit la nature du sol, tout l'engrais employé n'est pas emmagasiné à la surface ou utilisé par les récoltes à racines superficielles ; *une partie pénètre peu à peu, par une sorte d'infiltration, sous l'influence des eaux pluviales et de la capillarité, dans les couches inférieures, à des profondeurs qui sont, en général, d'autant plus grandes que le sol est plus perméable.*

Ces matières fertilisantes s'accumuleront dans

les couches profondes du sol en proportions d'autant plus considérables, toutes choses égales d'ailleurs, que l'on sera plus longtemps sans y faire pénétrer des racines dont les suçoirs puissent s'emparer à leur profit d'une partie de ces richesses accumulées.

C'est un réservoir qui restera d'autant plus complètement et plus longtemps plein, que la pompe destinée à l'épuiser fonctionnera plus lentement ou plus rarement.

Nous avons donc, d'une part, des sources de fécondité qui alimentent les couches profondes du sol; d'autre part, des récoltes qui viennent y puiser une partie des matières fertilisantes qui s'y sont accumulées. Si, dans un temps donné, le prélèvement est inférieur aux apports, ces couches pourront encore s'enrichir; s'il y a égalité, leur fécondité pourra se maintenir sans éprouver de changement sensible; enfin, si le prélèvement au profit des récoltes marche plus vite que les apports chargés de l'entretien, il y aura épuisement d'autant plus rapide que la différence sera plus grande.

Nous comprenons ainsi sans peine comment les récoltes peuvent, ou s'augmenter dans le premier cas, ou se maintenir dans un état station-

naire dans le second, ou enfin aller en s'amoindrissant dans le troisième cas.

L'expérience nous a depuis longtemps appris
que la luzerne, le trèfle et le sainfoin exigent,
avant de pouvoir revenir avec avantage sur le
même sol, qu'il se soit écoulé un certain nombre
d'années, variable avec le climat, variable avec
la nature et avec la richesse du sol, variable
également avec la succession des cultures, avec
la nature et avec l'abondance de leurs produits,
variable enfin avec l'abondance des engrais
employés pour l'obtenir ; c'est que le sol inférieur, après avoir ainsi fourni, pour subvenir aux
exigences des récoltes fourragères, une proportion
considérable de ses principes fertilisants dispo-
nibles, a besoin, comme la fontaine intermit-
tente, qu'on lui donne le temps de s'alimenter
suffisamment pour être en mesure de fonctionner
de nouveau avec succès ; les couches profondes
ont besoin d'un certain nombre d'années pour
rassembler peu à peu les éléments de leur
puissance et de leur fécondité.

CHAPITRE X.

Depuis longtemps déjà, dans presque toutes les exploitations, les engrais de la ferme deviennent insuffisants pour maintenir la terre au même degré de fertilité, ou pour subvenir aux exigences chaque jour plus grandes du cultivateur. Et cependant, chaque année aussi, dans les exploitations bien dirigées, la masse des engrais va en s'augmentant.

Mais il y a une chose qui tend à diminuer dans le sol : ce sont les principes élémentaires qui en sont exportés sous la forme de graines (blé, avoine, orge, etc., pailles et fourrages, graines fourragères ou industrielles), ou sous forme animale (bœufs, vaches, veaux, moutons, laine, beurre, œufs, etc.). Ainsi les pailles, fourrages... produits par la terre y retournent en grande partie sous forme d'engrais; mais tout ce qui a servi à la production de la viande, du lait, du beurre, du fromage, de la laine, etc., n'y retourne pas; tout ce que le cultivateur a vendu de céréales ou d'autres graines au marché (et c'est la partie la plus lucrative de ses récoltes) n'est pas restitué au sol qui les a produites; le cultivateur le plus intelligent, s'il est réduit à ses propres ressources, s'il n'importe pas d'engrais du dehors, s'il n'a pas en quantité suffisante, dans le domaine qu'il exploite, des prairies naturelles soumises au bienfait des IRRIGATIONS qui lui permettent de transporter, sur ses autres terres, les principes fertilisants naturels apportés par les eaux sur ces prairies, ce cultivateur verra donc nécessairement, tôt ou tard, diminuer le produit de ses récoltes, et l'habileté qui consiste à obtenir les meilleures récoltes possibles avec le minimum d'engrais, est une habileté relative et ordinairement temporaire dont il ne faut pas s'exagérer le mérite dans tous les cas.

Certains modes de culture, l'emploi de certains agents énergiques pourront bien, pour un temps, surexciter la production du sol aux dépens de l'avenir; mais ces moyens ressemblent à la pression que l'on exerce sur une éponge; si la pression est trop énergique, l'éponge sera desséchée; ces moyens ressemblent encore au coup de fouet qui forcera, pour un moment, le cheval à lutter de vitesse avec la locomotive, pour tomber bientôt exténué un peu plus loin.

Tout cela s'applique avec la même vérité à la production des plantes fourragères, aussi bien qu'à la production des céréales. A une production surexcitée par des moyens hors de proportion avec la puissance productive du sol, doit succéder inévitablement une période de décroissance, de fatigue et d'épuisement.

On a dit souvent : « *La terre ne vieillit pas;* » c'est possible, mais elle peut être ruinée par une mauvaise administration; nous n'en avons que de trop fréquents exemples, et le sol qui a *failli* est comme le négociant qui n'a pu remplir ses engagements; ce n'est qu'au prix des plus grands sacrifices, qu'avec le secours de la persévérance la plus soutenue qu'il peut être complètement *réhabilité.*

Essayons maintenant d'expliquer une sorte d'anomalie apparente qui résulte d'une diminution d'aptitude à la production fourragère dans une terre qui aurait conservé toute sa fécondité pour la production des céréales, dans laquelle cette production aurait même pu s'accroître notablement.

La tendance de nos agriculteurs actuels consiste à se rembourser le plus vite et le plus complètement possible du capital d'engrais qu'ils confient au sol, et le *nec plus ultrà* de l'habileté consisterait dans la possibilité de faire absorber par les récoltes de chaque année la partie aliquote la plus considérable de l'engrais qui lui était destiné. Si nous ajoutons encore que les récoltes de même nature tendent à se succéder plus fréquemment, et que les récoltes de prédilection sont ordinairement celles des céréales ou, plus généralement, celles des plantes dont les racines vivent dans les couches superficielles du sol, nous comprendrons sans peine que, dans de pareilles conditions et avec une masse d'engrais déterminée, la partie de cet engrais destinée à favoriser le développement des plantes fourragères à longues racines pivotantes sera d'autant moins grande que les récoltes précédentes auront mieux réussi, qu'elles se seront approprié une plus forte partie des engrais confiés au sol qui les a produites.

Enfin la substitution aux fumiers de ferme d'engrais commerciaux, rapidement assimilables, devra, dans la plupart des cas, en cédant aux récoltes à racines superficielles une aliquote encore plus forte, tendre à diminuer encore davantage la richesse des couches inférieures auxquelles ne parviennent plus qu'en trop faibles quantités ces principes si importants qui paraissent plus spécialement destinés au but de toute végétation, l'élaboration, la reproduction ou l'organisation des éléments destinés à la propagation de l'espèce.

CHAPITRE XI.

CONSÉQUENCES DE L'HABITUDE TROP GÉNÉRALEMENT RÉPANDUE DE SEMER LES PRAIRIES ARTIFICIELLES DANS LES TERRES ÉPUISÉES.

Lorsqu'on veut qu'un animal naissant devienne vigoureux et précoce, on entoure de soins son jeune âge, on lui donne une nourriture abondante et substantielle ; lorsqu'on veut former une pépinière de plantes d'espèces quelconques, forestières, maraîchères ou industrielles, on choisit de préférence la partie de son champ la plus fertile et la mieux préparée ; un succès mérité dédommage alors l'éleveur, le jardinier ou le cultivateur intelligent.

Pourquoi donc, par une inconcevable inconséquence, par une sorte de contradiction difficile à justifier, fait-on si souvent le contraire, lorsqu'il s'agit d'élever une prairie artificielle ?

On semble avoir pris à tâche, dans beaucoup de nos départements, de ne confier à son champ la graine de trèfle, de sainfoin ou de luzerne, qu'après avoir épuisé ce champ le plus possible par la culture des céréales ; *ma terre est fatiguée,* dit-on, *il faut la mettre en fourrage pour la reposer.*

Pouvons-nous être étonnés, après cela, que nos prairies artificielles ne réussissent pas toujours, comme nous l'avions espéré ! Si quelque chose devrait nous étonner, n'est-ce pas plutôt de les voir encore si bien réussir dans d'aussi mauvaises conditions ?

Il y a bien loin du sans-gêne actuel avec lequel on ensemence une luzerne, aux soins que recommandait *Columelle,* le plus illustre des agronomes romains, il y a bientôt dix-huit cents ans :

« Voici, disait-il, comment on doit ensemencer
« une *luzernière :* donnez, vers le commence-
« ment d'octobre, un premier labour au champ
« dans lequel vous devez semer de la luzerne
« au printemps suivant, et laissez la terre se
« mûrir pendant tout l'hiver. Au commence-
« ment de février, labourez soigneusement votre
« champ pour la seconde fois, enlevez toutes
« les pierres et brisez les mottes ; vers le
« mois de mars, donnez un troisième labour

« suivi d'un hersage. Lorsque vous aurez ainsi
« travaillé votre sol....., répandez du fumier
« consommé, puis, à la fin d'avril, faites votre
« ensemencement..... »

Il ajoute ensuite que la luzernière doit être
souvent nettoyée, afin qu'aucune herbe étran-
gère ne puisse étouffer la luzerne pendant
qu'elle est encore faible.

Je n'oserais pas demander aux cultivateurs de
nos jours des soins aussi minutieux pour l'éta-
blissement de leurs prairies artificielles, je
craindrais de n'être pas écouté ; mais je tenais
à leur montrer, par cette citation empruntée
aux temps anciens, que si l'on obtenait alors
pour la luzerne de plus abondants produits, on
ne les obtenait que par des soins plus minutieux
et moins parcimonieux.

Si les luzernières de nos départements méri-
dionaux donnent encore aujourd'hui bien souvent
des produits qui passeraient pour fabuleux dans
la Beauce, c'est que la culture de cette précieuse
plante fourragère est encore, dans le midi,
l'objet de soins tout particuliers.

Nous avons insisté, il est vrai, et à plusieurs
reprises, sur ce fait que la luzerne, le trèfle
et le sainfoin vont puiser une partie considé-

rable des principes nécessaires à leur développement non pas à la surface du sol, mais
à une assez grande profondeur ; mais ce n'est
pas dès le jeune âge que ces précieuses plantes
fourragères sont capables de fonctionner ainsi :
avant d'avoir acquis assez de développement
pour pouvoir pénétrer dans les couches profondes du sol, les jeunes racines de ces plantes
doivent nécessairement vivre dans la couche
supérieure ; elles y prospéreront d'autant mieux
que cette couche sera en meilleur état de culture et qu'elle contiendra une plus abondante
proportion de principes fertilisants, en un mot,
qu'elle sera moins épuisée.

Il y a donc avantage, pour la bonne venue
d'une prairie artificielle, à la semer dans une
terre encore fertile, et, le plus souvent qu'on
le peut, dans une récolte *fumée*.

Vigoureusement développées dès la première
période de leur végétation, les racines attaque-
raient plus énergiquement les couches inférieures qui doivent ensuite subvenir à leurs
besoins, et, en somme, le produit serait plus
abondant et plus satisfaisant, et le cultivateur
serait largement indemnisé de ses avances.

Lorsqu'au contraire les plantes ont langui

dans leur jeune âge, faute d'aliments suffisants, il est bien à craindre que, pendant toute leur durée, leur existence ne soit chétive et leur produit médiocre.

CHAPITRE XII.

CONSÉQUENCES DE L'HABITUDE TROP FRÉQUENTE DE
FAIRE PATURER HATIVEMENT LE TRÈFLE, LA LUZERNE
ET LE SAINFOIN EN AUTOMNE, L'ANNÉE MÊME DE
LEUR SEMIS.

Si l'on compare les soins de toute nature que
l'on apportait à la culture du trèfle, de la luzerne, du sainfoin, dans les premiers temps de
leur introduction dans nos campagnes, avec
le laisser-aller qu'on y met aujourd'hui, l'on
pourra se demander s'il est bien permis d'être
étonné que ces plantes ne répondent plus toujours avec la même générosité qu'autrefois aux
avances parcimonieuses du cultivateur.

L'âne et le mulet sont des serviteurs sobres
et rustiques ; loin de leur en savoir gré, trop
souvent on les nourrit mal et on les surcharge ;
de même aussi l'on abuse, en beaucoup de
pays, de la rusticité des plantes fourragères
qui nous occupent, on les nourrit mal et on

les épuise avant l'âge, en les dépouillant pré-
maturément des organes les plus nécessaires à
leur développement.

S'il est un fait incontestable parmi les savants
aussi bien que parmi les purs praticiens, c'est
que, pour nos plantes usuelles, il n'y a de vie
active possible qu'avec le concours des feuilles,
et que la vigueur de la végétation est en rapport
avec l'abondance et la vigueur des organes fo-
liacés. Que les feuilles tombent ou qu'on les
enlève, la végétation languit, se ralentit ou
s'arrête.

Le trèfle, la luzerne et le sainfoin sont soumis,
comme presque tous les autres végétaux, à
cette loi générale de la nature ; pourquoi donc
alors certains cultivateurs trop nombreux,
mangeant, comme on dit, *leur blé en herbe*,
se hâtent-ils si vite de faire brouter par leurs
vaches ou même par leurs moutons, après l'en-
lèvement de la céréale qui accompagnait le
fourrage, les cinq ou six feuilles qui s'épanouis-
sent sur chaque plante ?

Une des conséquences naturelles, inévitables,
de cette malencontreuse pratique, c'est l'abâtar-
dissement de la prairie artificielle, puisqu'on
la prive de ses organes essentiels au moment

où ils pourraient énergiquement fonctionner à son profit.

Un autre inconvénient non moins grave à signaler est celui qui résulte du piétinement des gros animaux sur la plante encore tendre, qu'ils écrasent ou qu'ils blessent profondément ; qu'ils couvrent de boue, lorsque cette dépaissance a lieu par un temps humide.

Souvent aussi leur dent plus meurtrière encore, celle des moutons surtout, non contente de brouter jusqu'à la dernière de ces jeunes feuilles, s'attache encore au collet qu'elle entame en ébranlant la plante encore mal enracinée.

Si quelque chose doit nous surprendre en pareil cas, c'est que des plantes aussi mal-traitées puissent encore donner d'aussi beaux produits, et, loin de songer à les remplacer par d'autres, il faut faire tous nos efforts pour conserver la culture de plantes qui, outre leur grande valeur comme aliment pour le bétail, sont douées d'une aussi grande rusticité, d'une aussi grande résistance à tant de causes d'abâtar-dissement ou de destruction.

Tout en blâmant sans réserve une pratique si peu rationnelle, cherchons, s'il est possible, sa raison d'être, sans la justifier :

Elle s'est surtout propagée, généralisée dans les pays secs dépourvus des ressources qu'offrent en automne les prairies naturelles. Il devait sembler dur au cultivateur, dans de pareilles conditions, de se croire obligé de respecter ces jeunes plantes verdoyantes, alors que son bétail affamé venait de consommer les derniers regains qu'on ne lui avait cependant livrés qu'avec parcimonie. Il trouva bientôt de bonnes raisons pour justifier à ses yeux ce que nous serions tenté d'appeler du gaspillage.

Et d'abord, dit-on, ce pâturage constitue pour le bétail une excellente nourriture ; la pratique et la théorie s'accordent sur ce point ; et ensuite, dans les terres légères, le piétinement des animaux de l'espèce bovine, en tassant la terre, tend à rechausser avantageusement les plantes.

Examinons successivement ces deux points de vue pour discuter le mérite des idées qu'ils représentent.

Disons tout d'abord qu'un bon coup de rouleau tasserait tout aussi bien la terre autour des plantes, si ce n'est mieux, qu'un piétinement irrégulier, en admettant que ce tassement soit utile ou nécessaire.

Reste donc la question du mérite comme fourrage de ces jeunes feuilles de trèfle ou de sainfoin, car la luzerne donne en général si peu de chose l'année du semis, que nous ne croyons pas devoir en parler.

Dans de bonnes conditions moyennes, le poids de ce regain en feuilles produit sur un hectare de sainfoin d'un ou deux ans peut être évalué à environ 800 kilogrammes de fourrage complétement privé d'humidité ou à 1 000 kilogrammes de fourrage fané à 20 pour 100 d'eau hygrométrique; or, j'ai trouvé, comme moyenne de plusieurs analyses, dans 800 kilogrammes de regain de sainfoin complétement sec ou dans 1 000 kilogrammes de ce même regain fané à 20 pour 100 d'eau, $32^{kil},5$ d'azote en combinaison et $5^{kil},25$ d'acide phosphorique; j'ai trouvé également que l'on peut évaluer du quart au cinquième de ce poids, au maximum, le produit des feuilles du jeune sainfoin semé dans l'année, en faisant le dépouillement de ces feuilles au commencement d'octobre.

Ce dépouillement fournit donc tout au plus de $8^{kil},1$ à $6^{kil},5$ d'azote combiné, soit, par hectare, l'équivalent de 422 à 361 kilogrammes de sainfoin fané ordinaire qui contiendrait encore 20 pour 100 d'humidité.

Les jeunes pousses de trèfle contiennent, d'après mes analyses, $37^{gr},7$ d'azote combiné par kilogramme lorsqu'elles sont entièrement privées d'humidité, et seulement $30^{gr},2$ lorsqu'elles contiennent encore 20 pour 100 d'eau après le fanage. En admettant donc que les animaux puissent trouver, dans un hectare de jeune trèfle, 200 kilogrammes de feuilles supposées complétement desséchées ou 250 kilogrammes de fourrage fané à 20 pour 100 d'humidité, les $7^{kil},55$ d'azote combiné qui font partie de cette faible quantité de fourrage représenteraient tout au plus l'équivalent de 434 kilogrammes de trèfle ordinaire fané à 20 pour 100 d'humidité. Que l'on considère le trèfle ou que l'on envisage le sainfoin, il paraît évident que le faible avantage que l'on trouve dans ce maigre pâturage ne saurait compenser les graves inconvénients que nous avons signalés plus haut, et que cette pratique doit être franchement condamnée.

Dans la plaine de Caen, où le sainfoin prospère encore bien, parce que la culture en est faite dans des conditions meilleures, on se garde bien, en général, de fatiguer ainsi la jeune plante fourragère par l'action de la dent ou des pieds du bétail ; et l'expérience a prouvé qu'on en est largement récompensé.

D'ailleurs, lorsque ces feuilles se sont flétries avec la saison, qu'elles ont accompli leur mission providentielle de nutrition, qu'elles s'en détachent spontanément, elles ne sont pas perdues, car elles tombent au pied de la plante et peuvent, encore une fois, en se décomposant, contribuer à son alimentation et à sa prospérité.

C'est bien le cas de dire au cultivateur : voyez, pesez, et jugez vous-même.

RÉSUMÉ DE LA PREMIÈRE PARTIE

Nous pourrions maintenant résumer ainsi le développement de nos réponses à la première question :

1° L'analyse chimique des plantes qui, comme le trèfle, le sainfoin et la luzerne, forment la base de nos meilleures prairies artificielles, nous montre que, parmi les éléments constitutifs de ces plantes, il en est de fort importants, comme les matières azotées, *que le sol peut seul leur fournir en proportions suffisantes pour assurer leur bonne venue ;* qu'il en est même dont le sol doit fournir la presque totalité, comme c'est notamment le cas pour les phosphates, les principes calcaires et les alcalis.

2° Il en résulte que les couches profondes du sol, où vivent les racines de ces plantes, tendant à s'appauvrir, et cela d'autant plus vite et plus énergiquement que les récoltes fourragères y sont plus fréquentes et plus abondantes.

3° Que si, après la culture du trèfle, de la luzerne et du sainfoin, la terre paraît améliorée et fertilisée, cette amélioration n'a réellement lieu que pour la couche supérieure, et qu'elle se réalise aux dépens de la richesse des couches plus profondes, par les *débris et racines* des récoltes de fourrage que la terre a portées.

4° Que l'entretien de la fertilité de ces couches profondes ne pouvant se réaliser que par une sorte d'infiltration des principes fertilisants de la couche supérieure, si les cultures produites par cette couche deviennent plus abondantes sans que la masse des engrais employés suive la même proportion, il peut arriver qu'après s'être soutenue pendant assez longtemps productive de fourrages au moyen du vieux fonds de richesse naturelle de ses couches inférieures, une terre devienne moins propre à continuer sa production de plantes fourragères avec la même énergie, bien que les récoltes ordinaires de céréales n'en aient subi aucune diminution, ou aient même pu devenir plus productives.

Si les couches inférieures donnent, dans un temps déterminé, plus qu'elles ne reçoivent, elles doivent nécessairement s'appauvrir et devenir moins productives.

5° Parmi les conditions peu favorables à la bonne venue des plantes fourragères vivaces, nous pouvons encore signaler l'habitude trop généralement répandue de confier leurs graines à des terres épuisées par plusieurs céréales consécutives.

6° Enfin on doit franchement condamner l'habitude de faire pâturer le trèfle, la luzerne et le sainfoin l'année même de leur semis.

DEUXIÈME PARTIE.

Deuxième question. — QUELLES SERONT LES CONSÉQUENCES DE CET ÉTAT DE CHOSES?

Pour être en mesure de pressentir avec un degré de probabilité raisonnable les principales conséquences de l'état de choses que nous venons de signaler dans la première partie de ce travail, il importerait de connaître une foule de données premières dont plusieurs seraient assez difficiles à obtenir actuellement.

Nous allons cependant essayer de poser, sur des bases qui nous sont propres, des conclusions sur lesquelles nous appelons l'attention des agriculteurs.

Supposons un assolement de neuf ans, c'est-à-dire une succession de récoltes comprenant la durée *trop courte* de la plupart des baux actuels de la plus grande partie de la Beauce Orléanaise; nous admettrons que cette rotation commence par un blé fumé, et comprenne un sainfoin, c'est-à-dire la plante fourragère par exellence la plus généralement répandue, et qui, pour nos discussions, offre encore l'avantage d'avoir une durée intermédiaire entre les deux autres (trèfle et luzerne).

En tenant compte des prélèvements exercés sur le sol par chaque récolte de cet assolement, et en limitant nos indications à l'azote combiné et à l'acide phosphorique des phosphates (1), nous sommes conduit aux résultats présentés dans le tableau ci-après :

Prélèvements faits sur un hectare (2).

NATURE DES RÉCOLTES.		AZOTE combiné.	ACIDE phosphorique
		kilog.	kilog.
1re année. —Blé fumé.	Grain	41,4	15,3
	Paille	20,9	5,0
2e année. — Avoine. .	Grain	32,3	17,2
	Paille	11,2	4,1
3e année. — Jachère fumée		»	»
4e année. — Blé.	Grain	38,9	14,8
	Paille	21,3	5,2
5e année. — Avoine. .	Grain	31,2	16,9
	Paille	10,8	3,9
6e année. — Sainfoin .	Pour les trois		
7e — —	années de ré-	335,0	98,0
8e — —	coltes de fourr.		
9e année. — Blé . . .	Grain	42,5	15,8
	Paille	21,6	5,3
TOTAUX.		607,1	201,5

(1) A chaque kilogramme d'acide phosphorique correspondent 2^{kil},16 de phosphate de chaux des os.

(2) Nous avons cru devoir conserver, dans nos évaluations,

Nous croyons nous placer dans de bonnes conditions moyennes, en évaluant à 25 000 kilogrammes la quantité de fumier employée pour chacun des deux premiers blés (et nous connaissons, dans plus d'un département, bon nombre de cultivateurs moins généreux à l'égard de leurs terres).

Ces deux fumures représentent un total de 50 000 kilogrammes de fumier. — Or, les dernières analyses de M. Boussingault attribuent au BON fumier de ferme 6 grammes d'azote combiné par kilogramme, et 2^{gr},48 d'acide phosphorique, c'est-à-dire que les 50 000 kilogrammes dont nous venons de parler représenteraient 300 kilogrammes d'azote et 124 kilogrammes d'acide phosphorique. Comparant ces chiffres à ceux que nous avons obtenus pour la somme des prélèvements, nous voyons qu'il y a déficit de plus de moitié pour l'azote, c'est-à-dire de presque tout ce qu'on en trouve dans le sainfoin récolté.

une année de jachère, parce que notre publication était originairement destinée aux agriculteurs de l'Orléanais. Il serait facile de prendre pour base de discussion, à la place de notre assolement beaucoup trop chargé de céréales, tout autre assolement dont les cultures, les rendements et la composition seraient bien définis.

En admettant qu'aucune partie de l'azote combiné fourni par l'atmosphère n'ait échappé à l'assimilation, l'on ne pourrait toujours pas évaluer à plus de $9 \times 27 = 243$ kilogrammes la proportion d'azote assimilable qu'il est permis d'imputer à cette source; il n'en resterait pas moins encore un déficit réel d'environ 65 kilogrammes à la fin du bail, déficit qu'il faut encore augmenter de toutes les pertes de matières azotées volatilisées ou entraînées hors du champ par les eaux pluviales ou par toute autre cause.

Le déficit d'acide phosphorique s'élève à plus de 77 kilogrammes, c'est-à-dire à près du tiers du prélèvement total, et il n'est plus permis ici de faire entrer en ligne de compte ce que l'atmosphère a pu fournir, attendu que l'acide phosphorique n'a pas encore été signalé en proportions un peu notables dans les eaux pluviales.

Ce déficit correspond, pour l'azote, à plus d'une récolte moyenne de blé (paille et grain réunis); pour l'acide phosphorique, il correspond à près de quatre récoltes complètes de blé (paille et grain).

Il y aurait à se préoccuper de même de la diminution des autres principes minéraux les plus importants dont l'analyse chimique signale la présence en proportions un peu considérables dans les plantes fourragères dont il est ici question. La chaux, par exemple, est une de ces substances que l'on trouve abondamment dans les cendres du trèfle, de la luzerne et du sainfoin, et dont la présence en quantité convenable dans le sol contribue puissamment à la bonne venue de ces plantes; mais la chaux ne fait jamais entièrement défaut dans les terres à blé, puisqu'elle paraît un de leurs éléments nécessaires ; d'ailleurs, le plâtrage des prairies artificielles restitue habituellement une grande partie, sinon la totalité de la chaux prélevée sur le sol par les récoltes fourragères.

Les prélèvements de potasse méritent également d'être pris en très-sérieuse considération, et la restitution n'en peut être complète par les fumiers produits dans la ferme, puisqu'on les obtient au moyen des pailles et fourrages qui ne représentent qu'une partie des récoltes. Le reste a été exporté sous la forme de graines, viande, lait, etc.

Il est bien entendu que nous ne tenons pas compte ici du prélèvement fait par les résidus (débris divers et racines), parce que nous n'en avons pas tenu compte non plus dans l'évaluation précédente des prélèvements exercés par les récoltes elles-mêmes.

Nous aurions pu prendre pour exemple un assolement plus chargé ; nous avons supposé qu'on n'avait *refroissé* aucune partie des jachères ; nous avons admis que toutes les substances fertilisantes des engrais employés pénètrent dans le sol, ainsi que celles que peut apporter l'atmosphère ; qu'il ne s'en perd aucune parcelle, ni par évaporation, ni par l'entraînement des eaux pluviales ; *c'est-à-dire que nous nous sommes placé dans les conditions les plus avantageuses au maintien de la fertilité du sol.* Si, au contraire, nous eussions refroissé une partie des jachères, si notre terrain eût été tant soit peu en pente, si nous eussions tenu compte des pertes dues à la volatilisation de certains principes résultant de la décomposition des matières azotées ; en un mot, si nous eussions défalqué les pertes dues à toutes ces causes diverses qui tendent à réduire la proportion des principes fertilisants qu'on se propose de mettre à la disposition des récoltes, le déficit eût alors été d'autant plus sensible et plus considérable, que ces diverses causes de pertes eussent été

elles-mêmes plus importantes et plus multi-
pliées.

Ainsi, dans de pareilles conditions, il y a
déficit de principes réparateurs pendant la durée
d'un bail ; maintenant, de deux choses l'une,
ou ce déficit est entièrement supporté par la
couche supérieure, et alors les récoltes de céréales et d'autres cultures analogues tendront
à diminuer progressivement, tandis que les
couches profondes, ne s'appauvrissant pas,
seront capables de continuer avec le même succès
leur production fourragère ; ou bien ce déficit
sera intégralement supporté par les couches
profondes du sol, et alors leur productivité fourragère ira nécessairement en s'amoindrissant ;
enfin, il pourrait encore arriver que ce déficit fût
réparti d'une manière quelconque entre la couche
supérieure et les couches profondes, et alors
nous retomberions en partie dans chacune des
deux situations que nous venons de signaler.

Telles sont nécessairement les conséquences
inévitables de l'état de choses que nous venons
de décrire.

Si cet état de choses se continuait dans les
mêmes conditions, et *a fortiori* s'il empirait
encore, le cultivateur serait dans l'alternative

suivante : ou il n'introduira pas de nouvelles plantes destinées à combler son déficit de fourrages, et alors il sera obligé d'augmenter l'étendue de ses terres consacrées aux anciennes plantes fourragères (trèfle, luzerne, sainfoin), et l'inconvénient dont on se plaint, la trop fréquente répétition, ne fera que s'accroître, le mal s'aggravera de plus en plus, tout en restreignant les autres cultures, ce qui restreindrait en même temps les bénéfices de l'exploitation ; ou bien le cultivateur ne restreindra pas l'étendue de ses terres consacrées aux autres cultures, et alors il récoltera moins de fourrages, et, par suite, il devra diminuer son bétail ; mais en diminuant son bétail, il diminuera ses fumiers, et en tarissant ainsi la source de ses engrais, il tarit la source de ses produits, il voit s'amoindrir encore ses profits.

N'existe-t-il donc aucun moyen de rendre aux prairies artificielles leur ancienne fertilité, de revenir à ces anciennes conditions dont le changement préoccupe si vivement les agriculteurs d'un grand nombre de départements, et dont la Société d'Agriculture d'Orléans s'était faite l'interprète en 1859 ? C'est ce que nous allons essayer d'étudier dans la troisième et dernière partie de ce travail.

TROISIÈME PARTIE.

Troisième question. — QUELS SONT LES MOYENS DE RENDRE AUX PRAIRIES ARTIFICIELLES LEUR ANCIENNE FERTILITÉ ? — N'Y PARVIENDRAIT-ON PAS PAR LA SUBSTITUTION D'AMENDEMENTS OU DE FOURRAGES NOUVEAUX A CEUX ACTUELLEMENT EN USAGE ?

Dans les deux premières parties de ce travail, nous avons exposé les motifs qui nous conduisent à penser que la cause principale de la décadence actuelle des récoltes fourragères des prairies artificielles à base de trèfle, de luzerne ou de sainfoin, là où cette décadence se fait sentir, peut être attribuée aux suites d'une restitution incomplète de principes fertilisants, et c'est en conséquence de cette conviction que nous avons placé en tête de notre travail cette devise :

Un champ est comme une armoire : on n'en peut retirer ce qui n'y a pas été mis.

Avant toutes choses, il faut donc compléter et continuer ces restitutions pour ne pas voir s'aggraver encore la situation actuelle, et pour avoir quelque droit de compter, dans l'avenir, sur une situation meilleure.

Toutefois, nous restons toujours en présence d'une difficulté ; l'épuisement des couches profondes, lorsqu'il a eu lieu, s'est fait lentement ; combien de temps leur faudra-t-il pour s'enrichir par de nouvelles infiltrations et revenir à leur ancien état? C'est ce qu'il serait assez difficile de dire, dans l'état actuel de nos connaissances agronomiques. — Nous payons la peine de notre avidité passée ; mais il est rassurant de voir l'avare consentir à se corriger. Qu'il accorde du temps à son débiteur pour se libérer ; qu'il lui fasse des avances à un taux modéré ; l'avenir le récompensera de ses sacrifices !

L'avenir, dira-t-on, nous voulons bien croire à ses promesses, nous voulons bien lui accorder des témoignages de notre confiance ; mais il s'agit aujourd'hui du présent ; il importe d'aviser aux moyens de s'assurer actuellement des fourrages en quantité suffisante, tout en ménageant les ressources de l'avenir.

Telle est la question délicate qu'il s'agirait de résoudre, et sur laquelle nous allons essayer de jeter quelque lumière.

CHAPITRE PREMIER.

Parmi les plantes, connues ou inconnues, que l'on pourrait se proposer de cultiver pour remplacer, temporairement ou à toujours, le trèfle, le sainfoin, ou la luzerne, ou pour suppléer à l'insuffisance de leurs produits, les unes auront, comme ces dernières, de longues racines pénétrant à de grandes profondeurs dans le sol ; les autres, annuelles ou vivaces, projetteront leurs racines dans la couche superficielle où pénètrent habituellement les racines des céréales.

Les *premières*, à moins de différer beaucoup, par la nature de leurs principes constitutifs, de la luzerne, du trèfle et du sainfoin, se trouveront soumises à des influences analogues, et, par suite, pourront offrir les mêmes inconvénients, sans compter ceux qui résultent inévitablement, du moins pour un temps, des incertitudes et des tâtonnements inhérents à toute espèce de nouveautés en fait de culture.

Dans tous les cas, l'expérience des cultivateurs s'accorde avec les données de la théorie, pour établir que la valeur alimentaire des fourrages *analogues* a un rapport très-intime avec leur richesse en principes azotés assimilables, et en phosphates ; si les nouvelles plantes ont à peu près la même valeur alimentaire, elles seront tout aussi épuisantes, et comme l'épuisement portera sur les mêmes principes, qu'il aura lieu dans les mêmes régions du sol, le changement, c'est-à-dire la substitution, ne saurait, dans de pareilles conditions, offrir aucun avantage réellement important.

Si ces nouvelles plantes ont une moindre valeur alimentaire que celles qu'elles sont destinées à remplacer, il deviendra nécessaire d'augmenter l'étendue des terres consacrées à leur culture, ce qui ne pourrait avoir lieu qu'au détriment des cultures de céréales ou de plantes industrielles, et serait difficilement accepté par les cultivateurs. Ce ne serait, d'ailleurs, que la menue monnaie d'une pièce de grande valeur, diminuée des frais du change.

Examinons maintenant les plantes fourragères qui pourraient appartenir au *second groupe*, les plantes à racines superficielles, et voyons quels avantages on pourrait espérer de leur substitution au trèfle, à la luzerne et au sainfoin.

Choisissons de préférence les plus connues, celles dont la réussite est depuis longtemps assurée sous le climat auquel on les destine, comme les *vesces,* les *pois,* les *gesses* ou jarosses, et ajoutons-y, si l'on veut, le *sorgho* dont on a fait si grand bruit il y a quelques années.

Une récolte de *vesces* qui rend, graine comprise, 4 150 kilogrammes de fourrage fané par hectare, prélève sur le sol plus de 85 kilogrammes d'azote en combinaison, et nous pouvons mettre à peu près sur la même ligne une récolte de *jarosse* (1).

Une récolte de *minette* ou lupuline représentée par 3 500 kilogrammes de fourrage fané, prélève au moins 87 kilogrammes d'azote combiné sur le champ qui l'a produite.

(1) Comme fourrage, la jarosse ne paraît guère susceptible d'une grande extension, parce qu'on lui attribue des effets pernicieux sur la vie de la plupart des animaux, surtout lorsqu'elle est à peu près parvenue à maturité.

Une récolte de *pois gris* ou bisaille pesant, grain compris, 5 580 kilogrammes, emprunte au sol plus de 100 kilogrammes d'azote par hectare.

Enfin le sorgho, soit qu'on en fasse deux coupes, l'une fin juillet, l'autre à la fin d'octobre, soit qu'on ne le coupe qu'une seule fois dans le courant d'octobre, prélève sur le sol, lorsqu'il y réussit convenablement, de 200 à 250 kilogrammes d'azote par hectare, et l'équivalent de 170 à 225 kilogrammes de phosphates. La moins épuisante de ces récoltes l'est encore beaucoup plus que celle du blé, et le sorgho en particulier peut être considéré comme exigeant du sol *trois fois autant* qu'une bonne récolte de froment.

Ajoutons qu'en classant parmi les plantes à racines superficielles, la minette, les vesces et les pois, nous ne sommes pas rigoureusement dans le vrai, car ces plantes envoient aussi des racines à de grandes profondeurs, et, sous ce rapport, elles se rapprochent un peu des trois plantes dont l'examen fait le principal objet de ce travail.

Si, laissant pour un moment les plantes fourragères susceptibles d'être fanées, nous

considérons quelques-unes des plantes plus par-
ticulièrement consommées en vert, comme le
trèfle incarnat et la moutarde, nous trouvons,
par des analyses qui nous sont propres, que le
trèfle incarnat prélève plus de 80 kilogrammes
d'azote par hectare, si l'on admet un rendement
de 20 000 kilogrammes de fourrage vert coupé
en pleine fleur.

Nous trouvons de même qu'une récolte de
moutarde du même poids, prise en fleur, peut
prendre au sol au moins 90 kilogrammes d'a-
zote combiné.

Nous arrivons donc encore, pour les plantes
fourragères de cette catégorie, à des résultats
analogues, c'est-à-dire qu'au lieu d'être, pour
la couche *céréalifère* du sol, un temps de
repos relatif, elles sont pour ces couches une
nouvelle cause d'épuisement, et qu'elles sont
même plus épuisantes que le blé.

Toutes ces plantes sont annuelles ; elles
exigent, pour donner d'abondants produits, une
terre convenablement fertilisée ; leurs racines
puisent principalement leur nourriture dans les
couches où vivent les racines des céréales et
sont, par conséquent, de mauvais prédécesseurs
pour le froment. Elles parcourent les diverses

phases de leur végétation dans une courte période de temps ; elles doivent donc s'approprier la partie la plus facilement assimilable des engrais, et les céréales qui leur succèdent en demanderont nécessairement un nouveau contingent, ou elles seraient exposées à languir dans leur jeune âge, au moment où elles ont le plus besoin de nourriture facilement absorbable.

A la rigueur, toutes ces plantes fourragères annuelles pourraient suppléer au déficit des récoltes de trèfle, de luzerne et de sainfoin ; mais il est facile de comprendre que leur emploi exclusif serait loin de présenter les mêmes avantages. En effet, outre qu'elles font aux céréales une concurrence inévitable qui doit nécessiter de plus abondantes fumures, elles ne profitent pas, comme les plantes fourragères vivaces à longues racines, de la partie des engrais qui s'infiltre dans les couches profondes du sol.

Elles se présentent encore, par rapport aux plantes fourragères dont la dégénérescence nous préoccupe en ce moment, dans des conditions d'infériorité d'un autre genre, parce que, si le semis vient à mal réussir, il devient assez difficile de parer, en temps utile, à un déficit qu'on n'a pu prévoir ; tandis que si l'on sème un trèfle, une luzerne ou un sainfoin, et que sa réussite ne soit pas satisfaisante, on peut y suppléer *temporairement* par ces plantes fourragères annuelles, et c'est là plutôt leur véritable rôle; ce sont des fourrages supplétifs et non des fourrages fondamentaux; « leur culture est « un expédient, dit avec raison M. de Gasparin, « elle ne peut être la base d'un bon système. « Restreindre en leur faveur la culture de la « luzerne, du trèfle et du sainfoin, ce serait « sacrifier la ménagère à la servante. »

Voyons maintenant quels secours nous pouvons attendre de l'extension des cultures de racines, telles que turneps, rutabagas, carottes ou betteraves.

Une récolte de *turneps*, représentée par 30 000 kilogrammes de racines et par 12 000 kilogrammes de feuilles, peut emprunter au sol plus de 120 kilogrammes d'azote combiné.

Une récolte de *rutabagas*, de 50 000 kilogrammes de racines et de 16 000 kilogrammes de feuilles, empruntera au sol 130 kilogrammes d'azote par hectare.

Une récolte de *carottes*, composée de 40 000 kilogrammes de racines et de 8 000 kilogrammes de feuilles, demande au sol 150 kilogrammes d'azote par hectare.

Enfin, une récolte de betteraves de 50 à 60 000 kilogrammes de racines et de 15 à 20 000 kilogrammes de feuilles, prélèvera sur le sol au moins 160 à 180 kilogrammes d'azote et 70 à 85 kilogrammes de phosphates.

Par la forme de leurs racines, ces dernières plantes fourragères se rattachent à celles qu'elles seraient destinées à remplacer, parce qu'elles vont également puiser aux sources profondes du sol une partie de leur nourriture ; mais comme leur végétation s'accomplit beaucoup plus rapidement, elles sont beaucoup plus exigeantes, et d'ailleurs elles sont quelquefois un obstacle aux semailles hâtives, lorsqu'on leur fait succéder un blé d'automne ; enfin, leur principal inconvénient, comme aliment, est d'être beaucoup trop aqueuses, et de ne pouvoir, comme les bons fourrages actuels, être données en toutes saisons, seules, et à toute espèce d'animaux (1).

(1) Voir, pour plus de détails, mes études sur la culture comparée *des céréales, des plantes fourragères et des plantes industrielles;* 1 vol. in-18.

Ainsi, tout en reconnaissant à chacune des plantes fourragères annuelles que nous venons d'énumérer son genre de mérite spécial, nous sommes obligé de reconnaître qu'aucune d'elles ne satisfait au même degré que le trèfle, la luzerne et le sainfoin, aux principales conditions qui ont motivé l'extension de la culture de ces dernières plantes, et les ont fait, avec raison, considérer comme la base la plus solide de toute bonne économie agricole dans les pays où les prairies naturelles irrigables font défaut.

La culture de toutes les autres plantes fourragères que nous avons citées est plus chanceuse et plus dispendieuse, et les produits de plusieurs d'entre elles ne peuvent entrer que partiellement dans toute bonne et saine alimentation du bétail.

En résumé, il nous paraît difficile de pouvoir compter, quant à présent, sur l'introduction de nouvelles plantes fourragères pour remplacer entièrement et avantageusement celles qui constituent la base ordinaire de nos prairies artificielles actuelles.

Nous ne pouvons considérer les autres plantes fourragères actuellement connues, que comme des *auxiliaires* utiles, dont la culture mérite sans aucun doute d'être encouragée dans une certaine mesure, mais sur lesquelles il ne faudrait pas *exclusivement* compter, à moins de modifier *profondément* l'économie agricole actuelle des pays où se fait sur une grande échelle la culture des prairies artificielles temporaires, ce qui rentrerait dans une série d'idées nouvelles qui ne nous paraissent pas encore assez mûres pour que nous puissions utilement nous y arrêter (1).

Il nous reste à voir maintenant quels secours nous pouvons attendre de la substitution d'amendements nouveaux à ceux auxquels on a présentement recours.

---

(1) Nous n'avons pas cru devoir non plus citer ici une foule de plantes fourragères nouvelles ou retrouvées, comme la serradelle et beaucoup d'autres plantes dont la culture est encore à l'étude.

CHAPITRE II.

Nous entendons par amendements :

1° L'emploi de substances presque exclusivement minérales, ayant plus spécialement pour
effet de modifier le sol dans une certaine mesure,
soit dans sa nature chimique, soit dans ses
propriétés physiques et mécaniques.

Nous pouvons citer, parmi les substances
amendantes, la *chaux,* les *marnes,* les *crayons,*
les sables ou produits marins connus sous les
noms de *taugne, trèz, merl,* etc., les *faluns,* les
cendres, les *charrées,* le *plâtre,* etc.; enfin les
dépôts fluviatiles connus sous les noms de
terrage et de *colmatage;*

2° Des opérations qui, sans rien ajouter direc-
tement au sol, peuvent cependant modifier sa
constitution physique et même la constitution
chimique de quelques-unes de ses parties, et le

rendre ainsi plus apte à donner certains produits : tels sont, par exemple, des *labours plus
profonds* ou des *défoncements* qui ont pour effet,
soit de mélanger des couches hétérogènes, soit
d'ameublir les couches profondes et de les rendre
plus perméables aux engrais et aux racines ;
telles sont encore les opérations du *drainage* et
des *irrigations*.

Le *drainage*, en assainissant le sol, peut le
rendre apte à produire des plantes fourragères
vivaces qu'il ne pouvait produire auparavant ; il
peut, dans certains cas, permettre *la culture de
la luzerne là où le trèfle seul avait pu jusqu'alors
réussir,* mais il serait à peu près sans effet bien
marqué pour restituer à d'anciennes luzernières
leur fécondité primitive ; il peut contribuer puissamment à accroître la production fourragère
dans les sols trop frais où elle avait toujours été
languissante, mais ses effets seront peu énergiques sur les terrains où, jusqu'à présent, le trèfle,
le sainfoin et surtout la luzerne prospéraient avec
succès.

Quant aux *irrigations,* il est certain que, par-
tout où elles pourront être avantageusement pra-
tiquées, surtout sur des terrains perméables,
elles pourront activer puissamment la production

des luzernes en apportant au sol des principes fertilisants dont le bienfait vient s'ajouter à celui de la fraîcheur, pendant la saison sèche et chaude, où la végétation est exposée à languir. Mais nous devons ajouter que les circonstances où il sera possible d'irriguer avantageusement des prairies *artificielles* seront, dans la plupart de nos départements, des circonstances exceptionnelles que nous ne citons ici que pour mémoire.

Les *labours profonds* et les *défoncements* produiront des effets d'une autre nature; en mélangeant avec les couches superficielles des couches plus pauvres, ils enrichiront les couches profondes; mais en appauvrissant ainsi les couches destinées aux céréales, ils appelleront *nécessairement* sur celles-ci des fumures plus abondantes, sous peine d'amoindrir considérablement les récoltes; ces copieuses fumures fourniront aux couches sous-jacentes un contingent plus considérable de principes fertilisants, par leur abondance d'abord, et ensuite à cause de la plus grande perméabilité de ces couches. La productivité de celles-ci pourra s'en trouver ainsi notablement augmentée; mais on voit que le secret principal réside alors dans une augmentation de la dose de principes fertilisants confiés à la terre.

Les substances *amendantes* de nature *minérale* sont généralement riches en *calcaire*. L'addition de ces substances pourra bien ranimer la puissance productive fourragère des terrains très-pauvres en carbonate de chaux, en modifiant la nature et la consistance du sol, en lui fournissant des principes que l'on trouve en abondance dans les cendres des fourrages de nos prairies artificielles; mais ne perdons pas de vue qu'il s'agit beaucoup moins ici, d'après les conditions de notre programme, de faire produire à une terre médiocrement productive de fourrages des récoltes qu'on n'y avait jamais vues, que de conserver en elle ou de ranimer son pouvoir producteur dégénéré. Cependant les amendements calcaires agiront toujours favorablement sur les terres fortes ou sur les terrains frais siliceux.

Ajoutons encore que tout marnage, que tout amendement calcaire appelle toujours après lui une suraddition d'engrais, autrement son efficacité serait nulle ou peu sensible.

Le *chaulage* en particulier est une opération que l'on ne devra pratiquer qu'avec la plus grande prudence, même dans les terres pauvres en calcaire.

La théorie conçoit, en effet, que l'emploi de la chaux puisse mettre momentanément en action une plus forte proportion des principes assimilables que la nature tient en réserve pour les besoins de l'avenir; mais cette surexcitation de productivité aurait lieu aux dépens des récoltes futures. La pratique de nos jours a trop souvent reconnu que l'emploi de la chaux peut être le coup de fouet précurseur de la chute, et les merveilles éphémères obtenues tout à coup par l'épuisement à outrance du vieux fonds de fertilité naturelle qu'on n'a pas suffisamment entretenu, ont dévoré en même temps le capital et le revenu; les trop gros dividendes ont absorbé le fonds social; il ne reste plus qu'à faire un nouvel appel de fonds.

Telle est l'histoire de tous les pays qui ont abusé du chaulage; telle sera bientôt, si l'on n'y prend garde, l'histoire de la Mayenne, où cette pratique ne donne déjà plus d'aussi brillants résultats que par le passé.

Faut-il conclure, de tout ce qui précède, que nous sommes forcément condamnés à rester spectateurs inactifs de la décadence de nos prairies artificielles là où elle est déjà manifeste?

Loin de nous cette pensée décourageante ! et si nous ne partageons pas toutes les illusions du jour, nous ne pensons pas non plus qu'il faille désespérer.

Si nous avons pris tant de soin d'établir des prémisses, c'était dans le but d'essayer d'en tirer quelques conclusions.

Il fallait sonder la plaie jusqu'au vif, si c'était possible, avant d'en essayer la cure.

Suivant nous, la cause du mal, la voici, ou du moins c'en est la principale :

On a demandé au sol plus qu'on ne lui a donné ; soyons à l'avenir ou moins exigeants, ou plus généreux ; ne demandons plus au sol qu'il nous fasse une restitution hors de proportion avec les avances que nous lui avóns accordées.

Si telle est réellement la principale cause du mal, le remède semble se présenter de lui-même.

Enrichissons notre sol pas des fumures plus abondantes, plus riches en principes azotés, en phosphates et en sels alcalins ou alcalino-terreux ; répandons largement sur nos champs tous les principes dont l'analyse indique l'abondance dans les plantes fourragères légumineuses dont nous voulons prévenir la dégénérescence ; qu'à l'aide de labours progressivement plus profonds, ou avec le secours de la charrue sous-sol, nous hâtions le mélange des nouveaux principes fertilisants avec les couches profondes du sol, et nous verrons bientôt renaître la vigueur et la fécondité de nos prairies artificielles.

Si nous craignons la verse pour nos céréales, sous l'influence de ces fumures copieuses, faisons-les précéder de cultures sarclées qui, comme les racines ou le colza, ne craignent pas les fortes fumures et laissent le sol en bon état de propreté.

Varions davantage nos cultures en multipliant celles qui comportent et payent le plus largement les fortes fumures, afin de pouvoir enrichir le sol plus économiquement.

Conservons à tout prix la culture du trèfle, celle de la luzerne et celle du sainfoin, ces précieuses conquêtes de nos aïeux, qui feront encore notre fortune et celle de nos enfants, si nous leur marchandons moins les engrais dont elles ont besoin.

Mais surtout veillons mieux à la bonne qualité des graines, car il paraît démontré que *les graines qui n'ont pas acquis tout leur développement,* dans lesquelles une maturité incomplète n'a pas perfectionné toutes les qualités de l'espèce qu'elles représentent, ne donnent, la plupart du temps, que des produits dégénérés.

Pourquoi trouve-t-on plus souvent aujourd'hui qu'autrefois dans le commerce des graines in-complètement mûres ?

C'est que les producteurs savent par expérience que, plus mûre est la graine, moins valent, comme fourrage, les tiges qui l'ont portée ; en récoltant la graine un peu avant sa complète maturité, ils récoltent en même temps un meilleur fourrage et y peuvent commercialement trouver plus de profit.

RÉSUMÉ ET CONCLUSIONS GÉNÉRALES.

Je crois donc pouvoir résumer ainsi l'ensemble des conclusions auxquelles m'a conduit le travail que je soumets aujourd'hui aux agriculteurs.

1° L'analyse chimique des plantes qui, comme le trèfle, le sainfoin et la luzerne, forment la base actuelle de nos meilleures prairies artificielles, nous apprend que, parmi les éléments constitutifs de ces plantes, il en est de fort importants, comme les matières *azotées, que le sol peut* SEUL *fournir en proportions suffisantes pour assurer leur bonne venue;* qu'il en est même dont le sol fournit à peu près exclusivement la *totalité,* comme c'est notamment le cas pour les *phosphates,* pour la potasse et pour les autres substances minérales.

2° Il en résulte que les couches profondes du sol, où vivent les racines de ces plantes, tendent à s'appauvrir, et cela d'autant plus vite et plus énergiquement que les récoltes fourragères y sont plus fréquentes et plus abondantes.

3° Si, après la culture du trèfle, de la luzerne ou du sainfoin, la terre paraît améliorée et fertilisée, cette amélioration n'a réellement lieu que *pour la couche supérieure*, et elle se réalise aux dépens de la richesse des couches plus profondes, par les débris et racines des récoltes de fourrages que la terre a portées.

4° L'entretien de la fertilité de ces couches profondes ne pouvant se réaliser que par une sorte d'infiltration des principes fertilisants de la couche supérieure, si les récoltes produites par cette couche deviennent plus abondantes sans que la masse des engrais employés suive la même progression, il peut arriver qu'après s'être maintenue pendant assez longtemps productive de fourrages au moyen du vieux fonds de richesse naturelle de ses couches inférieures, une terre devienne moins propre à continuer sa production de plantes fourragères avec la même énergie, bien que les récoltes ordinaires de céréales n'en aient subi aucune diminution ou aient même pu devenir sensiblement plus productives.

Si les couches inférieures donnent, dans un temps déterminé, plus qu'elles ne reçoivent, elles doivent nécessairement s'appauvrir et devenir moins productives.

5° Parmi les conditions peu favorables à la bonne venue des plantes fourragères vivaces, nous pouvons signaler aussi l'habitude encore trop généralement répandue, chez beaucoup de cultivateurs, de confier les graines de ces plantes à des terres épuisées par plusieurs céréales consécutives et de faire pâturer en automne les prairies artificielles l'année même de leur semis.

6° La conséquence la plus ordinaire de l'état de choses que nous venons de rappeler sommairement dans les numéros qui précèdent est : un déficit dans les principes les plus essentiels à la bonne venue des plantes fourragères à longues racines.

7° La substitution complète de nouveaux fourrages à ceux actuellement en usage ne nous paraît pas susceptible de remédier à ce déficit d'une manière avantageuse et durable.

8° L'introduction de nouveaux amendements *minéraux* peut, dans certains cas, améliorer la production des prairies artificielles, mais on peut dire, d'une manière générale, que l'emploi de ces amendements ne saurait apporter d'améliorations bien importantes là où les céréales viennent bien, et où les prairies artificielles dont il s'agit avaient, jusqu'à ce jour, prospéré d'une manière satisfaisante.

9° Dans tous les cas, si les *chaulages* pouvaient offrir quelques avantages, ils ne devraient toujours être entrepris qu'avec prudence.

10° Le *drainage*, en assainissant le sol, peut le rendre apte à produire des plantes fourragères qu'il ne pouvait produire auparavant; *il peut, dans certains cas, permettre la culture de la luzerne là où le trèfle seul avait pu jusqu'alors réussir ;* mais il serait à peu près sans effet bien marqué pour restituer à d'anciennes luzernières leur fécondité primitive.

Le drainage peut contribuer puissamment à

accroître la production fourragère dans les sols trop frais où elle avait toujours été languissante; mais ses effets seraient peu énergiques sur des terrains où jusqu'à présent le trèfle, le sainfoin, et *surtout la luzerne,* prospéraient avec succès.

11° Il est permis d'espérer de bons résultats de labours dont la profondeur serait successivement augmentée, mais à la condition de fumer beaucoup plus copieusement qu'auparavant.

12° A deux des objections qui peuvent être faites à ces copieuses fumures, les plus grandes chances de verse des céréales et l'accroissement de la dépense, on peut répondre, à la dernière, qu'en variant davantage les cultures, qu'en multipliant davantage celles qui supportent le plus facilement et payent le plus largement ces fortes fumures, il sera permis ainsi d'enrichir le sol plus économiquement, c'est-à-dire avec un moindre excédant réel de dépenses.

On peut répondre à la première objection, qu'en faisant précéder les céréales, dans les champs si fortement fumés, par des plantes sarclées qui ne craignent pas la verse et permettent en même temps de laisser après elles le sol propre et net, les chances de verse des céréales seront considérablement diminuées, sans que le produit de ces récoltes cesse d'être convenablement rénumérateur dans les temps ordinaires.

13° Ne demandons plus au sol des produits hors de proportion avec les avances que nous lui avons faites.

14e Mettons toute notre sollicitude à conserver, dans nos prairies artificielles, le trèfle, le sainfoin et la luzerne, ces précieuses conquêtes de nos pères, qui feront encore la fortune de nos enfants, si nous les traitons assez généreusement.

15° Veillons mieux au choix de nos graines, car de la graine incomplètement développée ou altérée on ne peut attendre que des produits dégénérés.

16° Proscrivons, ou du moins restreignons le plus possible le pâturage hâtif des prairies artificielles l'année de leur semis.

17° Puisque les racines du trèfle pénètrent

moins profondément que celles du sainfoin, et que la première plante occupe le sol moins long-temps que la seconde ;

Puisque les racines du sainfoin lui-même, par la profondeur à laquelle elles pénètrent, par le temps pendant lequel elles occupent le sol, par les produits qu'elles donnent pendant toute la durée de la prairie artificielle, épuisent moins les couches profondes que celles de la luzerne ;

En un mot, puisque chacune de ces plantes, dans des conditions normales, a sa région spéciale au-dessous de laquelle elle descend rarement, il doit en résulter, pour chacune d'elles, un pouvoir épuisant spécial qui rend leur *alternance* plus rationnelle et plus avantageuse que leur succession trop souvent répétée dans le même sol.

Ainsi telle terre qui aura produit de la luzerne exigera, pour reproduire avec avantage cette même plante, un laps de temps plus ou moins long, pendant lequel elle pourra donner de bonnes récoltes de trèfle et même de sainfoin.

Alternance et variété rationnelles dans la

nature des récoltes, restitutions généreuses de principes fertilisants, tels nous paraissent être les principes qui doivent servir de guides pour obtenir d'abondants produits dans le présent, sans compromettre les ressources de l'avenir.

TABLE DES MATIÈRES.

—